FORSCHUNGSBERICHTE DES LANDES NORDRHEIN-WESTFALEN

Nr. 2525

Herausgegeben im Auftrage des Ministerpräsidenten Heinz Kühn
vom Minister für Wissenschaft und Forschung Johannes Rau

Elektrowärme-Institut Essen e. V.
Wissenschaftliche Leitung: Dr. -Ing. J. Pautz

Untersuchungen zur Darstellung eines künstlichen Dielektrikums

Westdeutscher Verlag 1975

Gesamtherstellung: Westdeutscher Verlag

ISBN 978-3-531-02525-4 ISBN 978-3-322-88299-8 (eBook)
DOI 10.1007/978-3-322-88299-8

Inhalt

Übersicht 5

1. Aufgabenstellung 5

2. Mischdielektrika 7

3. Dielektrika ohne Vorzugsrichtung 8
3.1. Versuchsobjekte 8
3.2. Vorausberechnung der DK 9
3.3. Meßergebnisse 1o

4. Dielektrika mit Vorzugsrichtung 11
4.1. Versuchsobjekte 11
4.2. Vorausberechnung der DK 12
4.3. Meßergebnisse 14

5. Verlustfaktor 16

6. Zusammenfassung 17

Bildteil 18

Übersicht

Die Vorstellung, durch Kombination von Metallen und Dielektrika Kombinations-Dielektrika zu erzeugen, deren relative Dielektrizitätskonstante (weiterhin kurz DK bezeichnet) größer ist, als die DK des Ausgangsdielektrukums wird durch die in diesem Bericht beschriebenen Untersuchungen bestätigt. Infolge des Metallzusatzes nimmt jedoch nicht nur die DK des Mischdielektrikums sondern gleichzeitig auch der Verlustfaktor zu. Mit zunehmendem Metallanteil steigt der Verlustfaktor in solchem Maß an, daß die Darstellung von Kombinations-Dielektrika mit hoher DK auf der Basis von Kombinationen aus Dielektrika mit niedriger DK und Metallen ohne technischen Wert ist. Aus diesem Grunde wurden die Arbeiten an der vorliegenden Forschungsaufgabe im Einvernehmen zwischen Auftraggeber und Auftragnehmer Ende November 1972 abgebrochen und eingestellt.

Der vorliegende Bericht dient der Dokumentation der gewonnenen Ergebnisse.

1. Aufgabenstellung

Das Forschungsvorhaben hatte zum Ziel, Dielektrika darzustellen und zu untersuchen, deren Dielektrizitätskonstante durch Kombination von Metall ($\varepsilon'_r \rightarrow \infty$) und hochwertigen Dielektrika pulver- oder plastikartiger Form so eingestellt werden sollte, daß ihre DK-Werte im Bereich zwischen zwei und mehreren Hundert liegen.

Diese darzustellenden Kombinationsdielektrika können homogen sein oder mit Vorzugsrichtungen ausgestattet werden. Eine solche Vorzugsrichtung kann auch eine induktive (magnetische) Komponente erhalten.

Im Vorversuch wurde nachgewiesen, daß Dielektrika mit hoher DK ε'_r aus zwei oder mehreren Komponenten durch innige Mischung dieser Komponenten erzeugt werden können. Ziel dieses Forschungsvorhabens war, die Zuordnung von Mischungsverhältnis, DK und Verlustfaktor zu untersuchen und die Gesetzmäßigkeiten der Zuordnung zu ermitteln. Als Mischkomponenten sollten Dielektrika mit $1 < \varepsilon'_r < 2$ und geringem Verlustfaktor einerseits und reine hochleitfähige Metalle, deren DK ε'_r gegen unendlich gehend anzusehen ist, andererseits eingesetzt werden. Darüber hinaus war die Technologie der Herstellung derartiger Kombinationsdielektrika zu erarbeiten.

Derartige Kombinationsdielektrika können auf verschiedene Art und Weise dargestellt werden, z.B. mit pulverisierten Metallen und dem Dielektrikum oder mit länglichen oder kreisförmigen Metallteilen, die regelmäßig oder unregelmäßig in das Dielektrikum eingebettet werden. Unter regelmäßig soll hier verstanden werden, daß den Metallteilen eine bestimmte Vorzugsrichtung zu geben ist. Diese Forderung ist technologisch schwierig zu erfüllen;

mögliche technologische Verfahren sollen entwickelt werden. Dielektrika, die mit einer Vorzugsrichtung ausgestattet sind, haben eine richtungsabhängige DK, d.h. die DK hat in verschiedenen Richtungen unterschiedliche Werte. Das Dielektrikum wird doppelbrechend. Seine Anwendungsmöglichkeiten sind vielfältig. Es sollten im einzelnen folgende Punkte untersucht werden:

1. Bestimmung der Mischungsgesetze unter Berücksichtigung des Einflusses von Teilchengröße und Form auf die DK des Mischdielektrikums.

2. Erarbeitung von technologischen Herstellungsverfahren, die so auszulegen sind, daß Oxid- und Wasserhäute auf den Metallkomponenten ausgeschlossen werden können. Insbesondere sollten strömungstechnische, gravimetrische oder magnetische Verfahren untersucht und erprobt werden, die geeignet sind, Größe und Richtung der DK des Mischdielektrikums im voraus festzulegen.

3. Untersuchung spezieller Anwendungsfälle, wie Herstellung eines Drehfeldes beliebiger Leistung oder Herstellung eines dielektrischen Polarisationssiebes.

Die Anwendungsmöglichkeiten der Mischdielektrika können nach dem Aufbau des Dielektrikums unterschieden werden:

1. Dielektrikum ohne Vorzugsrichtung (unregelmäßige Verteilung)
   a) Anpassung der medizinischen Mikrowellen-Elektroden an den menschlichen Körper zur reflexionsfreien Einstrahlung (ε = ca. 8)
   b) Verkleinerung der geometrischen Dimensionen eines technischen Mikrowellengerätes, z.B. eines Aufbauherdes im Verhältnis $\frac{1}{\sqrt{\varepsilon_r}}$ d.h. es können Meterwellen (hohe Eindringtiefe) und die Ausmaße der bisherigen Herde verwendet werden
   c) Konzentration des Mikrowellenfeldes im Verhältnis $\frac{\varepsilon_r}{\varepsilon_0}$ bei industriellen Anwendungen auf einen Hohlraum im Dielektrikum, in dem sich das zu erwärmende Objekt befindet.

2. Dielektrikum mit Vorzugsrichtung (regelmäßige Verteilung)

   Das Dielektrikum wird doppelbrechend, d.h. es ergeben sich bei [illegible]stimmter Einstrahlungspolarisation zwei Wellenzüge mit verschiedener Geschwindigkeit, die senkrecht zueinander polarisiert sind.

Anwendungsmöglichkeiten für technische Zwecke ergeben sich mit der Erzeugung von Drehfeldern mit Lauflängen im Dielektrikum, die vorgegebenen Phasenverschiebungen entsprechen. Quasioptische Interferenzeffekte könnten zu Bündelungs- und Aussparungseffekten genutzt werden.

2. Mischdielektrika

Mit "Mischdielektrika" werden üblicherweise Dielektrika bezeichnet, die sich aus zwei oder mehr dielektrischen Substanzen zusammensetzen. Die dielektrischen Eigenschaften - DK und Verlustfaktor - der Mischung können je nach Zusammensetzung mit den Mischungsregeln von Lorentz-Lorentz oder Lichtenecker vorausberechnet werden. Lichtenecker hat für die Berechnung der DK folgende Gleichung angegeben

$$\varepsilon_r'^{\,z} = v_1\, \varepsilon_{r1}'^{\,z} + v_2\, \varepsilon_{r2}'^{\,z} \qquad (1)$$

mit den bezogenen Volumenanteilen v und den zugehörigen DK der Einzelbestandteile. Die Größe z kann jeden Wert zwischen +1 und -1 annehmen. Sie ist abhängig von Form und Verteilung der Partikel der Einzelkomponenten, sowie deren DK.

Für z = 1 geht die Gleichung in die Beziehung für die Parallelschaltung bei der Komponenten über

$$\varepsilon'_r = v_1 \varepsilon'_{r1} + v_2 \varepsilon'_{r2} \qquad (2)$$

für z = -1 in die Beziehung für die Reihenschaltung

$$\frac{1}{\varepsilon'_r} = \frac{v_1}{\varepsilon'_{r1}} + \frac{v_2}{\varepsilon'_{r2}} \qquad (3)$$

für den Grenzübergang z→0 in die von Lichtenecker angegebene logarithmische Mischungsgleichung

$$\log \varepsilon'_r = v_1 \log \varepsilon'_{r1} + v_2 \log \varepsilon'_{r2} \qquad (4)$$

Sie mittelt über Reihen- und Parallelschaltung.

Bei den in diesem Vorhaben untersuchten Dielektrika handelt es sich nicht um Mischdielektrika, die sich durch Mischung dielektrischer Substanzen ergeben, sondern um die Kombination einer dielektrischen Substanz mit metallischen Zusätzen. Infolge der metallischen Zusätze werden die wirksamen geometrischen Abmessungen des Dielektrikums so verändert, daß der Quotient aus wirksamer Fläche und wirksamem Abstand mit zunehmenden Metallanteilen im Vergleich zu dem Quotienten aus Fläche und Abstand des Gemenges ansteigt. Die für Mischdielektrika geltenden Gesetzmäßigkeiten für die DK und den Verlustfaktor sind demzufolge auf die zu untersuchenden Dielektrika nicht oder nur bedingt anwendbar.

3. Dielektrika ohne Vorzugsrichtung

3.1 Versuchsobjekte

Für die Herstellung homogener Kombinationsdielektrika mit richtungsunabhängiger DK wurden zunächst feste Stoffe als Komponenten für die Mischung herangezogen: Quarz und Aluminiumoxid unterschiedlicher Korngröße und verschieden großer DK wurden gewählt. Als Metallkomponenten dienten verschiedene Metallpulver und Metallgranulate. Außer festen Isolierstoffen wurden auch Isolierstoffe verwendet, die durch Erwärmung flüssig wurden, wie z.B. Paraffin.

Die Herstellung einer homogenen Mischung gelang jedoch in keinem Fall ohne besondere Maßnahmen, da abhängig von der Auswahl der Mischkomponenten Kräfte wirksam sind, die eine ungleichmäßige Verteilung der Mischkomponenten zur Folge haben. Als Ursachen sind unter anderen zu nennen:

1. Unterschiedliches spezifisches Gewicht der Mischkomponenten

2. Elektrische Kräfte:
   - beim Mischvorgang mit zwei festen Komponenten tritt sowohl an den festen Isolierstoffteilchen untereinander als auch zwischen diesen Teilchen und den Wänden des Mischgefäßes Reibung auf, die elektrische Aufladeerscheiningen - Anziehungs- und Abstoßungskräfte - unterschiedlicher Stärke zur Folge hat.

3. Massenkräfte:
   - bei der Mischung von Metallgranulat mit geschmolzenen Dielektrika kann der Trennung der Komponenten infolge verschiedenen spezifischen Gewichtes durch Rotation der Gießform während des Abkühlvorganges entgegengewirkt werden. Die Erstarrung der Isolierstoffkomponente beginnt an den Wänden der Gießform und schreitet von dort nach innen fort. Die Bewegung der Gießform verhindert zwar eine Entmischung der Komponenten, führt aber gleichzeitig zu Inhomogenitäten in der Übergangszone zwischen flüssigem und festem Aggregatzustand des Dielektrikums: es tritt eine Art Riffelbildung auf.

Bei der Herstellung der Probekörper, die ein Volumen von etwa 30 bis 150 cm^3 hatten, zeigte es sich, daß die Gießtemperatur möglichst niedrig gewählt werden sollte, um den Entmischungsvorgang zwischen Metallpartikeln und geschmolzenem Dielektrikum zu erschweren. Je niedriger die Temperatur, um so größer ist die Viskosität und damit die Reibkraft, die der Schwerkraft unterstützt durch Rotationskräfte entgegenwirkt. Nachdem eine Homogenisierung der Mischung erreicht ist, sollte der Erstarrungsvorgang möglichst schnell ablaufen, um eine Entmischung zu vermeiden.

Zur Bestimmung der Kapazitäts- und Dämpfungswerte des Mischdielektrikums wurden eine C-Meßbrücke KRT für eine Frequenz von 200 kHz und eine Verlustfaktorbrücke UKB mit Anzeigeverstärker in Verbindung mit einem Generator mit einem Frequenzbereich von 10 Hz bis 1 MHz, bzw. ein Zg-Oszillograph ZDD mit Generator für Frequenzen 300 MHz $< f <$ 1000 MHz eingesetzt (Bild 1, 2).

Als Meßkondensator diente ein verstellbarer Plattenkondensator vom Typ KMS. Für Messungen im oberen Frequenzbereich wurde das Dielektrikum in den Raum zwischen Innen- und Außenleiter einer konzentrischen Lecherleitung eingebracht.

3.2 Vorausberechnung der DK

Theoretisch kann die DK dieser Kombinations-Dielektrika nur in grober Näherung vorherbestimmt werden, da die Metallpartikel weder in ihren geometrischen Formen und Abmessungen wohl definiert sind, noch ihre Verteilung innerhalb des Isolierstoffes exakt erfaßbar ist.

Die Form der Metallpartikel ist jedoch ihne Einfluß auf die DK, wenn die Lage der Metallpartikel statistisch verteilt ist. Diese Verteilung kann modellmäßig mit einem würfelförmigen Volumenelement nachgebildet werden, in dessen Schwerpunkt ein Metallwürfel achsenparallel eingelagert ist. Setzt man zusätzlich voraus, daß jedes Metallwürfelelement entsprechend der Homogenität gleichweit von den benachbarten entfernt ist, so kann die DK des Mischdielektrikums ε'_m in Abhängigkeit vom Mischungsverhältnis und von der DK des Ausgangsdielektrikums ε'_p vorausberechnet werden. Sie errechnet sich nach Bild 3 zu

$$\varepsilon'_m = \varepsilon'_p \left[1 + \frac{1}{\frac{m+1}{m} - \sqrt[3]{\left(\frac{m+1}{m}\right)^2}} \right] \qquad (4)$$

Führt man für die eckige Klammer den Faktor K ein, so gibt dieser Faktor die Vergrößerung der Kapazität eines in den geometrischen Abmessungen gleichen Kondensators mit dem Ausgangsdielektrikum der DK ε'_p durch homogene Einmischung von Metallpartikeln in Abhängigkeit vom Volumen-Mischungsverhältnis

$$m = \frac{V_{Metall}}{V_{Ausgangsdielektrikum}}$$

an. Das Verhalten des Faktors K in Abhängigkeit vom Mischungsverhältnis zeigt Bild 4.

3.3 Meßergebnisse

Erste Untersuchungen wurden an Mischungen aus pulverförmigen Komponenten durchgeführt. Bild 5 zeigt die DK einer Mischung aus Aluminiumoxid und Nickel in Abhängigkeit vom Mischungsverhältnis $N_{Ni}/V_{Al_2O_3}$ bei einer Frequenz von 1 MHz. Die DK-Werte dieser Kombination sind bis zu Frequenzen von 1 GHz frequenzunabhängig. Die gemessenen Abweichungen bei einer Frequenz von 1 GHz lagen unregelmäßig verteilt innerhalb des durch Meßfehler der verwendeten Meßanordnung bedingten Strombereiches. Kombinationen mit Mischverhältnissen $m > 3$ konnten infolge der hohen Dämpfung meßtechnisch nicht erfaßt werden. Die experimentell bestimmten Werte sind wesentlich kleiner als nach der Modellrechnung zu erwarten war, und zwar wird die Abweichung um so größer, je größer der Metallanteil wird. Die Ursachen dieser Abweichung konnten nicht schlüssig erfaßt werden. Offensichtlich steigt der Verlustfaktor jedsch mit zunehmendem Metallanteil - für $m > 3$ ist die Dämpfung so groß, daß keine Kapazitätsmessung mehr möglich ist - so daß Fehlmessungen wahrscheinlich sind. Ebenso tritt infolge unzureichender Verdichtung eine DK-Absenkung durch den nicht zu vernachlässigenden Luftanteil auf.

Zusätzlich wurden Kombinationen von Quarz (Korngröße$\sim$0,1 mm) und Silber (Korngröße $\sim$ 0,07 mm) untersucht. Bild 6 zeigt die DK in Abhängigkeit vom Mischungsverhältnis $0 \leq m \leq 8$. Auch bei diesen Kombinationen stimmen theoretische und experimentelle Werte nicht überein. Die experimentellen Werte sind wiederum zu klein. Die Abweichung wird auch bei dieser Kombination um so größer, je größer der Metallanteil ist, allerdings ist die Tendenz weniger ausgeprägt. Der Quotient aus gemessener DK und dem Faktor K, der die theoretische Änderung der DK des Kombinationsdielektrikums erfaßt, ist nahezu konstant und hat einen Wert $1{,}5 < \varepsilon'_{SiO_2} < 1{,}75$. Dieser Wert scheint auch für pulvriges Siliziumoxid zu klein, obwohl für reines Siliziumoxid ein Wert $\varepsilon'_{SiO_2} = 1{,}8$ gemessen wurde. Legt man diesen Wert für die DK des Ausgangsdielektrikums zugrunde, so zeigen Experiment und theoretische Modellrechnung bereits eine hinzureichende Übereinstimmung.

Nun haben Kombinationen pulverförmiger Komponenten eine Reihe von Nachteilen, wie z.B. die nicht kompakte Form und vor allem die Neigung, sich wegen des unterschiedlichen spezifischen Gewichtes der Einzel-Komponenten zu entmischen, die sie für eine technische Anwendung nicht geeignet erscheinen lassen. Daher wurden weitere Untersuchungen an Kombinationsdielektrika ohne Vorzugsrichtung aus metallischen und Isolierstoffkomponenten durchgeführt, deren Isolierstoffkomponente bei Mischtemperatur flüssig, bei Raumtemperatur jedoch fest ist. Infolge der Erstarrung des flüssigen Dielektrikums werden die Metallpartikel in ihrer Lage fixiert, eine Entmischung wird vermieden; auch der Anteil an gasförmigen Komponenten wird geringer. Als Isolierstoff wurde Paraffin, als Metallkomponente vorzugsweise Nickel verwendet. Nickel schien für diese Untersuchung besonders geeignet, weil es zum einen in den infrage kommenden Abmessungen leicht und preiswert zu beschaffen ist und zum anderen an der Atmosphäre kaum korodiert und magnetische Eigenschaften aufweist, die für die Ausrichtung der Metallteilchen für Dielektrika mit Vorzugsrichtung zum Vorteil ist. Bild 7 zeigt die DK in Abhängigkeit des Mischungsverhältnisses einer Kombination von Paraffin und Silber-Kupfer. Wie bei allen untersuchten Kombinationen steigen DK und Verlustfaktor (Dämpfung) mit zunehmendem Metallanteil an. Ofensichtlich ist die DK der Kombination auch temperaturabhängig, und zwar in der Weise, daß die DK wie auch der Verlustfaktor im untersuchten Temperaturbereich abnehmen. Diese Tendenz macht deutlich, daß der Verlustfaktor wesentlich durch den Widerstand der Metallkomponente beeinflußt wird. Je größer der Widerstand der Metallkomponente desto kleiner der Verlustfaktor. Quantitative Auswertungen dieser Zusammenhänge ließen die Meßergebnisse nicht zu. Rein qualitativ ist jedoch festzuhalten, daß mit steigendem Metallgehalt bei allen untersuchten Kombinationen nicht nur die DK ansteigt, sondern vor allem die Dämpfung in so starkem Maß ansteigt, daß für derartige Kombinationsdielektriken keine praktische Anwendungsmöglichkeit erkennbar bzw. überhaupt gegeben ist.

4. Dielektrika mit Vorzugsrichtung

4.1 Versuchsobjekte

Für die Herstellung von Kombinationsdielektrika mit Vorzugsrichtung wurde - wie bereits ausgeführt - Paraffin als Isolierstoff verwendet, dem im warmen flüssigen Zustand die Metallkomponente beigefügt wurde.

Diese Kombinationsdielektrika sollten die Eigenschaften haben, daß ihre DK in einer Vorzugsrichtung einen größeren Wert hat als in den dazu senkrecht stehenden Richtungen. Um diesen Richtungseffekt zu realisieren, müssen zwei Voraussetzungen erfüllt sein; erstens müssen die Metallteilchen in einer Richtung, der Vorzugsrichtung, eine größere Abmessung aufweisen, als in den anderen, d.h. sie müssen z.B. die Form eines Zylinders, eines Quaders oder ähnlichen Körpers haben; zweitens ist erforderlich, daß ihre Lage innerhalb des Mischdielektrikums nicht willkürlich statistisch verteilt ist, sondern ihre Längsachsen in die beabsichtigte Vorzugsrichtung gebracht und dort auch festgehalten werden.

Für einen Versuchskörper in der untersuchten Größe werden einige zehntausend Metallteilchen benötigt. Sie wurden aus Nickeldraht 0,1 mm Durchmesser gefertigt. Der Draht wurde mit Hilfe einer speziellen, für diesen Zweck gebauten Vorrichtung (Bild 8), die nach dem Prinzip der Häckselmaschine arbeitet, in Teile von etwa 1 bis 1,5 mm Länge geschnitten und anschließend galvanisch versilbert. Nach dem Versilbern hatten die Drahtteile einen Durchmesser von 0,15 mm.

Die spezifischen Gewichte betrugen

Nickel	8,9	g/cm^3
Silber	10,5	g/cm^3
Paraffin	0,96	g/cm^3

Die Mischung aus den beiden Komponenten wurde in flüssigem Zustand in eine Form gegossen; während der Abkühlungsdauer bzw. während des Erstarrungsvorganges wurde die Form bewegt, um einer Entmischung durch Absinken der schweren Metallteilchen entgegen zu wirken. Diese Ausrichtung der Metallteilchen wurde durch ein Magnetfeld von etwa 0,05 bis 0,1 Tesla bewirkt.

4.2 Vorausberechnung der DK

Wie bereits in 3.2 ausgeführt, kann die rechnerische Ermittlung der DK eines Mischdielektrikums der vorliegenden Art nur in sehr grober Annäherung durchgeführt werden.

Der Berechnung der DK für das inhomogene Mischdielektrikum wird das Modell nach Bild 9 zugrunde gelegt. Die Vorzugsrichtung ist in diesem Modell parallel zu den Seiten l des Quaders, die anderen Richtungen sind senkrecht dazu, d.h. parallel zu den Seiten a zu denken.

Die Kapazität des Modellquaders in Vorzugsrichtung, also parallel zu den Seiten l, ist

$$C_{ml} = \varepsilon'_p \left[\frac{(a+x)^2 - a^2}{l + x} + \frac{a^2}{x} \right] \qquad (5)$$

Wird der Kapazitätswert in Vorzugsrichtung C_{ml} mit Hilfe der DK der Kombination in Vorzugsrichtung ε'_{ml} ausgedrückt, so gilt

$$C_{ml} = \varepsilon'_{ml} \frac{(a+x)^2}{l+x} \qquad (6)$$

Aus den Gleichungen (5) und (6) ergibt sich zu

$$\varepsilon'_{ml} = \varepsilon'_p \left[1 + \frac{a^2 l}{x(a + x)^2} \right] \qquad (7)$$

In analoger Weise ergibt sich die DK ε'_{ma} senkrecht zur Vorzugsrichtung.

$$\varepsilon'_{ma} = \varepsilon'_p \left[1 + \frac{a^2 l}{x(a + x)\ (l + x)} \right] \qquad (8)$$

Wie Gleichung 7 zeigt, nimmt die DK in Vorzugsrichtung um

$$\Delta\varepsilon'_{ml} = \frac{a^2 l}{x(a + x)^2} \quad (9)$$

zu und senkrecht zur Vorzugsrichtung um

$$\Delta\varepsilon'_{ma} = \frac{a^2 l}{x(a + x)\ (l + x)} \quad (10)$$

Das Verhältnis der beiden Werte für die Zunahme der DK ist

$$\frac{\Delta\varepsilon'_{ml}}{\Delta\varepsilon'_{ma}} = \frac{l + x}{a + x} \quad (11)$$

Erwartungsgemäß wird die Zunahme der DK allein von den geometrischen Abmessungen der Metallpartikel und ihrem Abstand voneinander bestimmt, der seinerseits bei gleichmäßiger Verteilung durch das Mischungsverhältnis nach Gleichung (12)

$$(a + x)^2\ (l + x) = a^2 l\ (1 + \frac{1}{m}) \quad (12)$$

bestimmt ist.

Für Mischungsverhältnisse im Bereich von $m = 1$ bis $m = 10$ bewegt sich der Wert $1 + 1/m$ offensichtlich in den Grenzen zwischen 2 und 1,1. Für eine Näherungsbetrachtung wird ein mittlerer Wert von 1,5 angenommen. Das Verhältnis von $a : l$ beträgt bei den Drahtteilen, wie unter 4.1 ausgeführt, etwa 1:10, wobei die Zylinderform des Drahtes durch einen Quader ersetzt anzusehen ist.

Werden nach Division der Gleichung 12 durch a^3 die vorgenannten Zahlenwerte eingesetzt, so ergibt sich die Gleichung

$$(1 + \frac{x}{a})^2\ (10 + \frac{x}{a}) = 15 \quad (13)$$

Diese kubische Gleichung kann zwar nicht algebraisch (casus irreducibilis) aber mit Hilfe von Kreisfunktionen gelöst werden.

Neben zwei negativen Werten, die physikalisch keinen Sinn haben, existiert die Lösung

$$\frac{x}{a} = 0{,}21197$$

Dieser Wert kann im zweiten Klammerausdruck der Gleichung (13) gegenüber dem Wert 10 vernachlässigt werden. Damit nimmt Gleichung (12) die Form an

$$(a + x)^2 \, l \, \alpha \, a^2 \, l \, (1 + \frac{1}{m}) \qquad (14)$$

Aus Gleichung 14 kann x annähernd ermittelt werden mit

$$x \, \alpha \, a \, (\sqrt{1 + \frac{1}{m}} - 1) \qquad (15)$$

Für sehr große Mischungsverhältnisse wird der Wert m sehr groß; dann nähert sich, wie aus Gleichung (15) unschwer zu erkennen ist, der Wert x dem Wert Null. In diesem Fall erreicht das Verhältnis nach Gleichung 11 einen Grenzwert und zwar

$$\lim_{m \to \infty} \frac{\Delta\varepsilon'_{ml}}{\Delta\varepsilon'_{ma}} = \frac{1}{a} \qquad (16)$$

4.3 Meßergebnisse

Um eine für die Messungen ausreichend große Kapazität zur Verfügung zu haben, wurden die Probekörper der Kombinationsdielektrika in Form von Zylindern mit 35 mm Durchmesser und 3,5 mm Höhe hergestellt (Bild 10). Diese Proben wurden in den Meßkondensator eingelegt. Die beiden unteren Reihen in Bild 10 zeigen Probekörper, bei welchen die Längsachse der in 4.1 beschriebenen Drahtteile parallel zur Zylinderachse des Probekörpers angeordnet sind; sie dienen zur Messung der DK in Vorzugsrichtung. Bei der oberen Gruppe der Probekörper in Bild 10 liegen die Drahtteil-Längsachsen senkrecht zur Zylinderachse des Probekörpers.

Es wurden unterschiedliche Mischungsverhältnisse Metall-Isolierstoff untersucht. Bei einigen Mischungsverhältnissen traten bei den erforderlichen Kapazitätsmessungen so erhebliche Streuungen auf, daß eine brauchbare Auswertung nicht möglich war. Die nachstehenden Angaben beschränken sich daher auf drei Mischungsverhältnisse, bei welchen reproduzierbare Werte gewonnen werden konnten. Diese Mischungsverhältnisse sind dadurch gekennzeichnet, daß die Metallanteile je Probe mit 4, 8 und 12 Gramm festgelegt wurden.

Zur rechnerischen Ermittlung von ε'_{ml} und ε'_{ma} werden die Gleichungen (7) und (8) herangezogen. Gemäß den Gleichung (7) und (8) werden außer ε'_p die Größen a, l und x zur Berechnung der DK-Werte benötigt. Die relative DK für Paraffin hat den Wert 2 - 2,3.

Der Wert a wird so ermittelt, daß die Querschnittsfläche des Drahtteilchens (Durchmesser einschließlich Versilberung 0,15 mm, Querschnitt 0,01767 mm^2) gleich a^2 wird. a berechnet sich demnach zu 0,1329 mm.

Die Länge des Nickeldrahtes beträgt 1,5 mm; im Hinblick auf die Schichtdicke des aufgalvanisierten Silbers von je 0,025 mm, ergibt sich für l der Wert 1,55 mm.

Um den Wert x aus Gleichung (13) ermitteln zu können, muß erst das Mischungsverhältnis m bestimmt werden.

Aus den Abmessungen des Nickeldrahtteilchens und der aufgebrachten Versilberung ergibt sich ein Volumen mit $2{,}75 \cdot 10^{-5}$ cm^3 und sein Gewicht mit $26{,}875 \cdot 10^{-5}$ g. Für ein gegebenes Metall-Füllgewicht kann aus diesen Angaben die Anzahl der dem Gewicht entsprechenden Drahtteilchen und daraus deren gesamtes Volumen berechnet werden. Das Isolierstoff-Volumen ergibt sich als Differenz des Gesamtvolumens der Probe (3,367 cm^3) und dem Metall-Volumen. Nun können das Volumen-Mischungsverhältnis m, der Wert x aus Gleichung (13) und anschließend die Werte für die DK in den Richtungen l und a berechnet werden.

In der nachstehenden Tabelle 1 sind für drei Metall-Füllgewichte die so errechneten DK-Werte angegeben und den gemessenen Werten gegenübergestellt.

Tabelle 1

Füll-gewicht	Mischg. verh. m	gerechnet		gemessen		$\tan\delta$
		ε'_{ml}	ε'_{ma}	ε'_{ml}	ε'_{ma}	
g						10^{-4}
4	0,138	3,93	2,39	5,13	2,4	1,6
8	0,321	8,45	3,00	7,7	3,1	26
12	0,574	16,59	3,92	9,7	3,48	20

Die in Tabelle 1 eingetragenen DK-Werte sind in Bild 11 in Abhängigkeit vom Mischungsverhältnis m grafisch dargestellt.

Die berechneten DK-Werte in Vorzugsrichtung (Richtung l) weichen von den gemessenen Werten um -23,4, 9,7 und 71 % ab. Die entsprechenden Abweichungen für die Richtung a betragen -0,4, -3,2 und 12,6 %.

Es ist festzustellen, daß für die Richtung a Rechnung und Messung der DK-Werte sehr gute bis gute Übereinstimmung zeigen, für die Richtung l hingegen, die Abweichung zwischen Rechnung und Messung deutlich größer sind. Aus der sehr guten Übereinstimmung der Werte in Richtung a kann der Schluß gezogen werden, daß die getroffenen Vereinfachungen und Näherungen als zulässig anzusehen sind. Die für die Richtung l festgestellten größeren Abweichungen dürften vorzugsweise auf Ungenauigkeiten in der Herstellung der Probekörper zurückzuführen sein, die sich in Richtung l besonders stark auswirken. Dazu gehören z.B. die unterschiedliche Länge der Nickel-

Drahtteilchen, die nicht konstant 1,5 mm betrug, sondern im Bereich von 1 bis 1,5 mm lag. Es ist weiter zu berücksichtigen, daß diese Drahtteilchen infolge des Abschneidevorganges in der Schneidemaschine meist eine leichte Verbiegung erlitten, so daß die Zylinderachse des einzelnen Drahtteilchens nicht mehr als Gerade anzusehen ist. Ungleichmäßigkeiten in der räumlichen Lage und Verteilung der Drahtteilchen wirken sich in Vorzugsrichtung stärker aus als senkrecht zur Vorzugsrichtung.

5. Verlustfaktor

In Bild 12 sind der Verlustfaktor und die DK in Abhängigkeit von der Frequenz aufgetragen. Abhängig von der Lage der Teilchen zur Feldrichtung hat die DK in Abhängigkeit von der Frequenz einen konstanten Wert, während der Verlustfaktor mit wachsender Frequenz hyperbolisch absinkt. Die DK ε'_m ist im untersuchten Frequenzbereich gleich der statischen DK und die Verluste werden fast ausschließlich durch die Ionenleitfähigkeit bestimmt. Sie können im Ersatzschaltbild eines verlustbehafteten Kondensators der Kapazität C durch einen konstanten Parallelwiderstand R berücksichtigt werden, so daß sich für die Frequenzabhängigkeit des Verlustfaktors ergibt:

$$\tan\delta = \frac{1}{\omega\rho_m\,\varepsilon'_m}$$

Betrachtet man nun die beiden Fälle der Ausrichtung der Teile in Abhängigkeit von der Feldrichtung in dem gewählten Modell, so ergibt sich der Verlustfaktor, wenn die Längsachse der Teilchen in Feldrichtung ist, zu

$$\tan\delta_l = \frac{1}{\omega\rho_p\varepsilon'_p}\;\frac{(1+x)\,(a+x)^2}{x(a+x)^2 - a^2 l}$$

und

$$\tan\delta_a = \frac{1}{\omega\rho_p\varepsilon'_p}\;\frac{x(1+x)\,(a+x)^2}{x(1+x)\,(a+x) + a^2 l}$$

wenn die Längsachse der Teilchen senkrecht zur Feldrichtung steht. Der Verlustfaktor ist also dann am größten, wenn die Achse der Teilchen parallel zur Feldrichtung liegt. Zwischen beiden besteht die Beziehung

$$\tan\delta_l = \tan\delta_a\,\frac{x(1+x)\,(a+x) + a^2 l}{x(a+x)^2 + a^2 l}$$

Dieses Verhalten wird qualitativ von den Meßergebnissen bestätigt (Bild 13).

6. Zusammenfassung

Aus den durchgeführten Versuchen geht hervor, daß sich durch Kombination von Metallen und Isolierstoffen Kombinationsdielektrika herstellen lassen, deren wirksame DK größer ist, als die DK des reinen Isolierstoffes. Es konnte auch gezeigt werden, daß sich unter Zuhilfenahme axial gestreckter Metallteilchen auch Kombinationsdielektrika herstellen lassen, deren DK in einer Vorzugsrichtung größer ist, als in den darauf senkrecht stehenden Richtungen.

Diese durchaus positiv zu bewertenden Ergebnisse sind unter Laboratoriumsbedingungen gewonnen worden. Eine unmittelbare Übertragung der Herstellverfahren in den industriellen Bereich ist aufgrund der bisherigen Untersuchungen nicht gegeben.

Für die Beurteilung eines Dielektrikums ist neben einer Reihe von Parametern (z.B. elektrische Durchschlagfestigkeit, mechanische Festigkeit) die DK und der Verlustfaktor von entscheidender Bedeutung.

Seit Jahrzehnten sind Dielektrika mit hoher DK in Form keramischer Stoffe bekannt, die industriell gefertigt und am Markt angeboten werden. Als Beispiel sei das durch Zusatz von Rutil (Mineral, Oxid von Titan) hergestellte, unter dem Markennomen Condensa bekannte Keramikmaterial genannt, dessen DK, je nach Mischung, Werte bis 80 erreichen kann und dessen Verlustfaktor bei 50 Hz sich im Bereich von etwa 4 bis $10 \cdot 10^{-4}$ bewegt.

Bei den vorliegenden Untersuchungen wurden an Proben in Vorzugsrichtung DK-Werte $\varepsilon'_m \approx 10$ bei einem Verlustfaktor von $\tan\delta \approx 10^{-3}$ bei 300 kHz gemessen. Vergleicht man diese Werte mit jenen Werten, die bereits auf dem Markt befindliche Materialien aufweisen, dann ist zu erkennen, daß die durchgeführten Untersuchungen zur Herstellung eines künstlichen Dielektrikums mit hoher DK und kleinem Verlustfaktor nicht den erstrebten technischen Fortschritt gebracht haben und einen solchen auch nicht erwarten lassen.

Parallel zu den beschriebenen Versuchen wurde im Jahre 1972 mit Untersuchungen entsprechend dem im Jahresbericht 1971 niedergelegten Programm begonnen. Diese Arbeiten, insbesondere zur anomalen Dispersion im Mikrowellenbereich, sind bis zum Abbruch der Forschungsaufgabe über das Vorbereitungsstadium nicht hinausgekommen. Es wurdenzwar die Versuchsaufbauten aufgestellt und erprobt und Prüfkörper hergestellt, es konnten jedoch in der zur Verfügung stehenden Zeit keine auswertbaren Ergebnisse gewonnen werden.

Bild 1: Versuchsstand
Generator, Zg-Diagraph, C-Brücke, U-Stabilisator

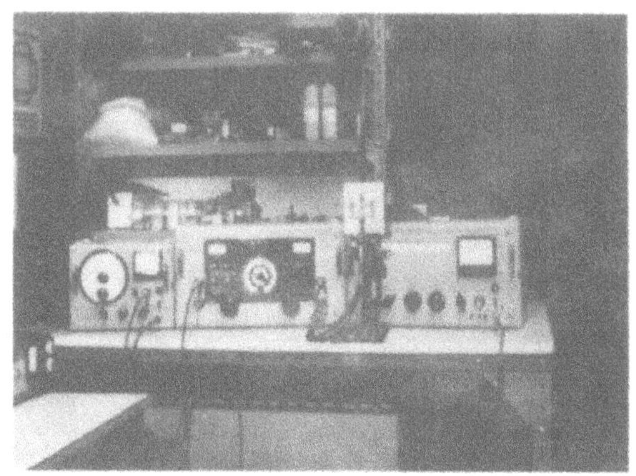

Bild 2: Meßeinrichtung
Dämpfungsbrücke, Anzeigeverstärker, Meßkondensator

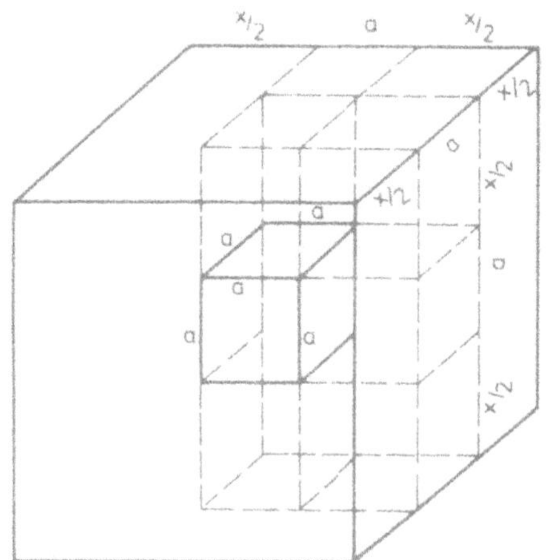

Bild 3: Würfelförmiges Modellelement

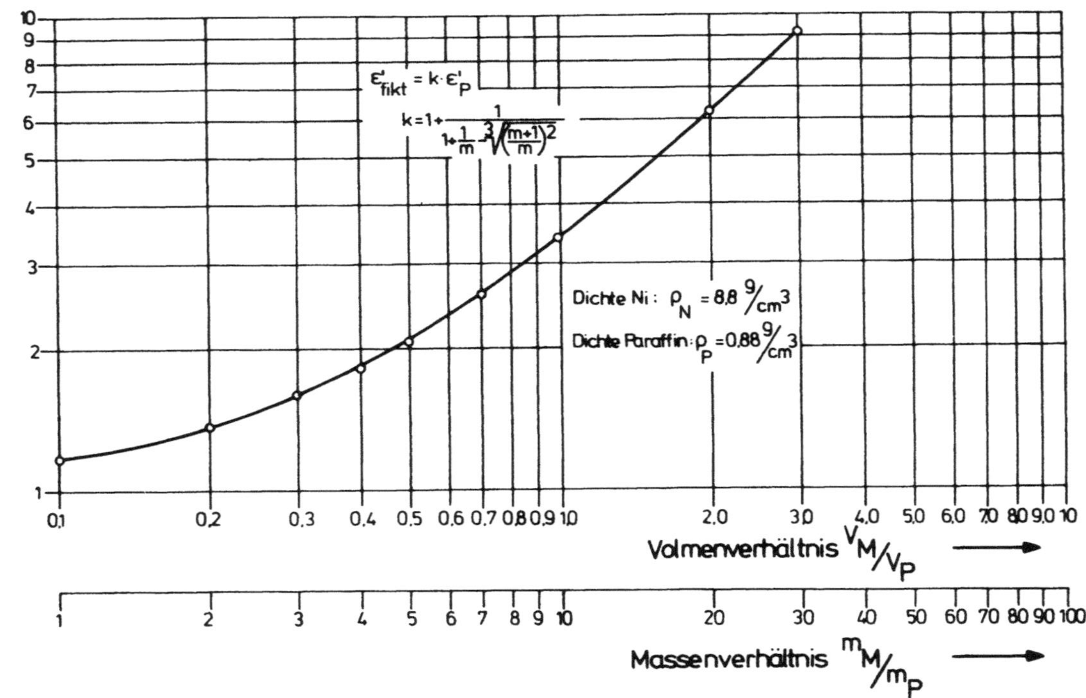

Bild 4: Nomogramm zur Berechnung der DK des Kombinationsdielektrikums in Abhängigkeit vom Volumen-Mischungsverhältnis m (Die Angaben für das Massenverhältnis gelten für Nickel und Paraffin)

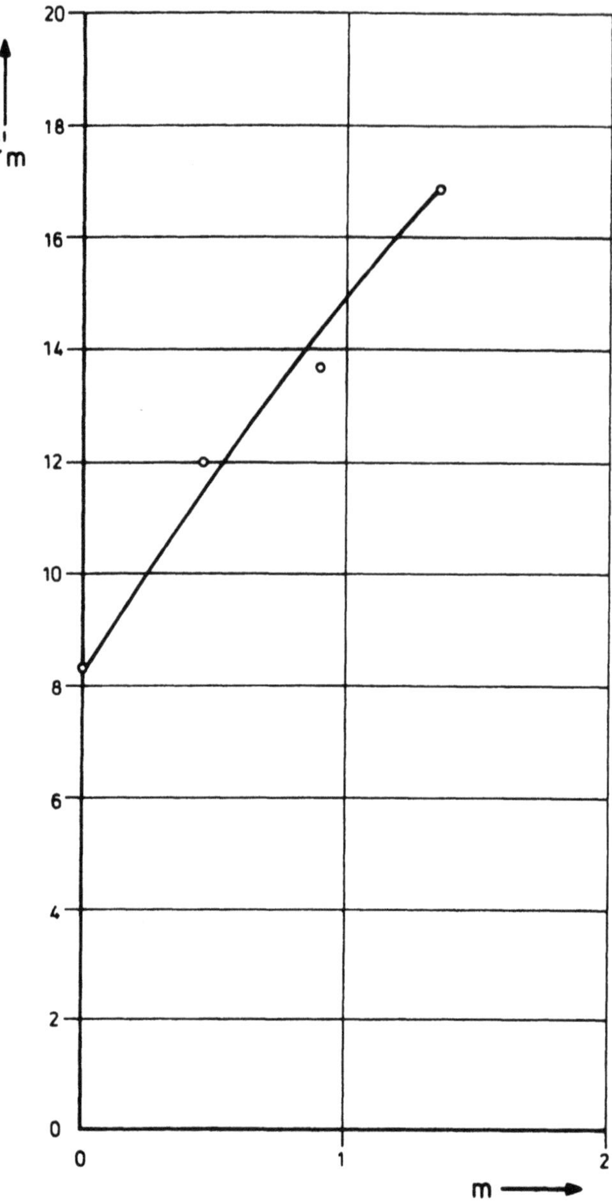

Bild 5: DK ε'_m einer Kombination aus Aluminiumoxid Al_2O_3 und metallischem Nickel Ni in Abhängigkeit vom Mischungsverhältnis m

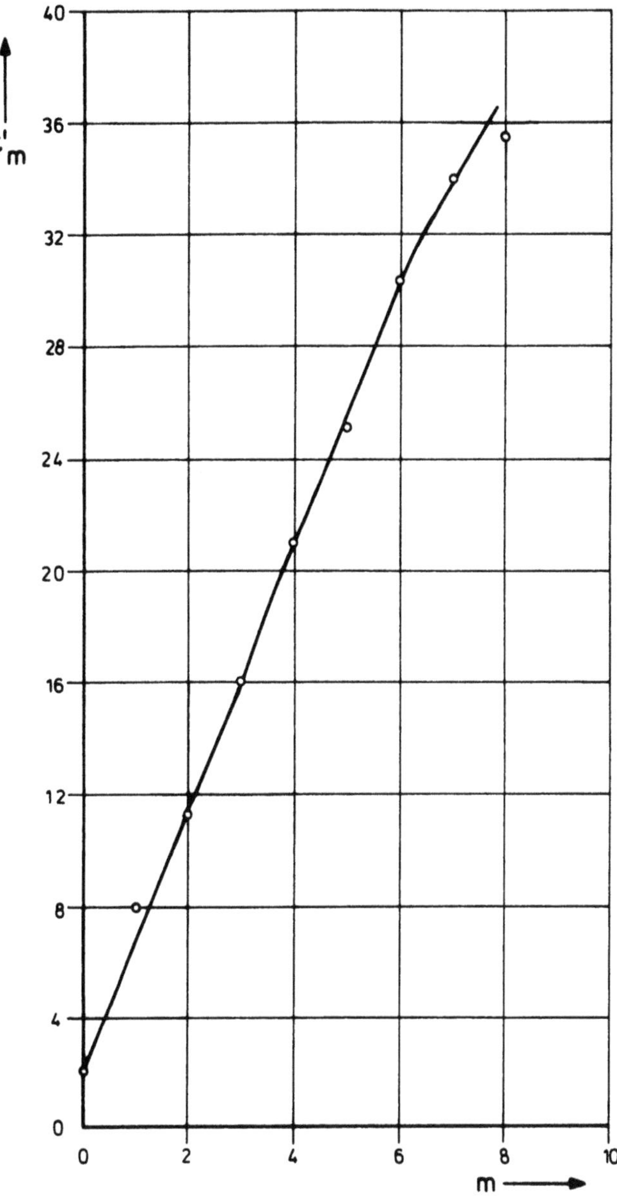

Bild 6: DK ε'_m einer Kombination aus Quarzmehl (Korngröße etwa 0,1 mm) und metallischem Silberpulver (Korngröße etwa 0,07 mm) in Abhängigkeit vom Mischungsverhältnis m

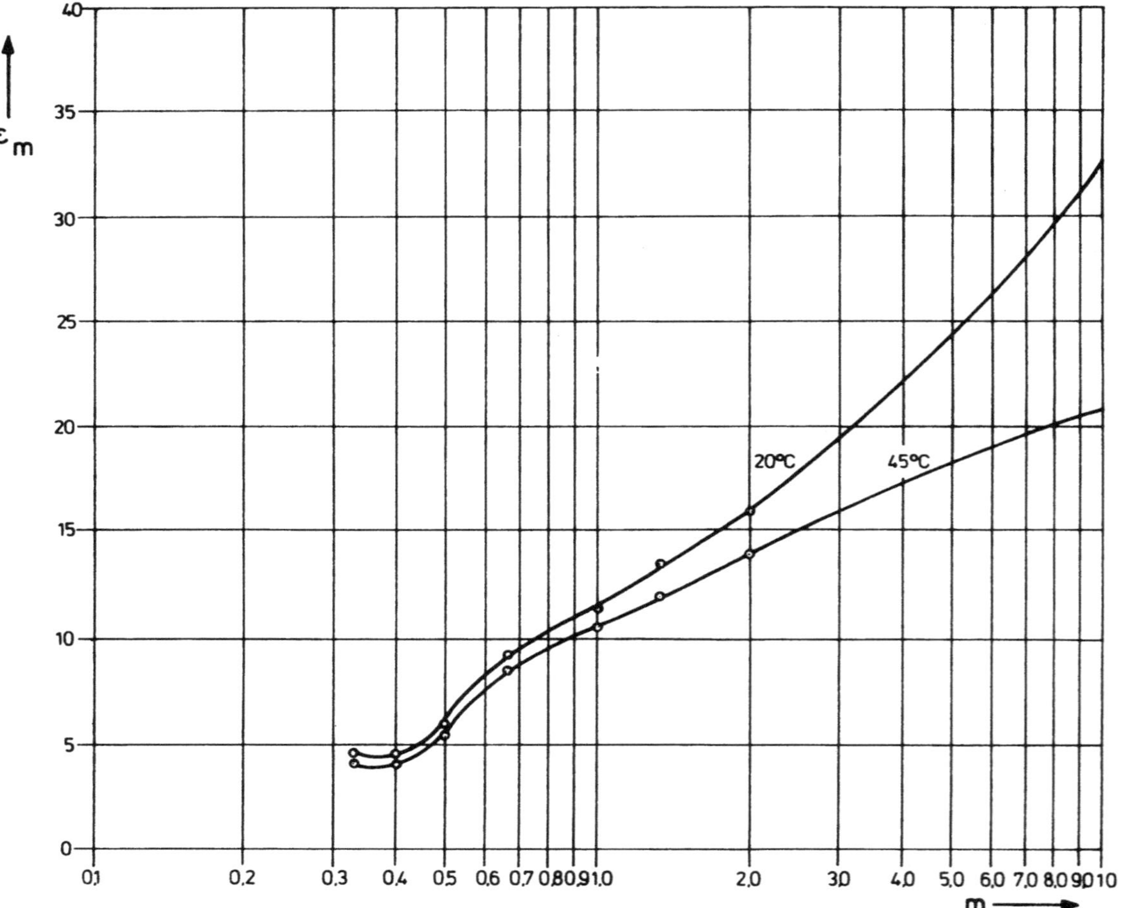

Bild 7: DK ε'_m einer Kombination aus versilbertem Kupfer und Paraffin in Abhängigkeit vom Mischungsverhältnis m bei 20°C und 45°C

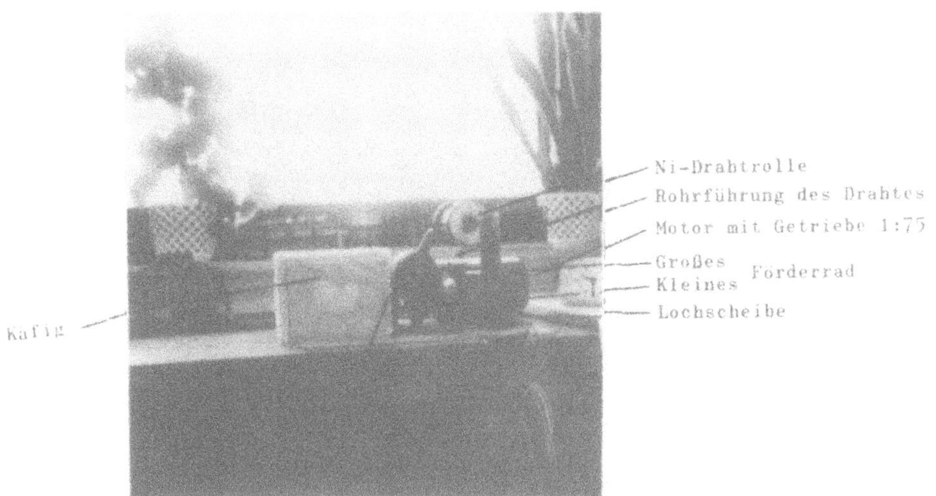

Bild 8: Schneidevorrichtung

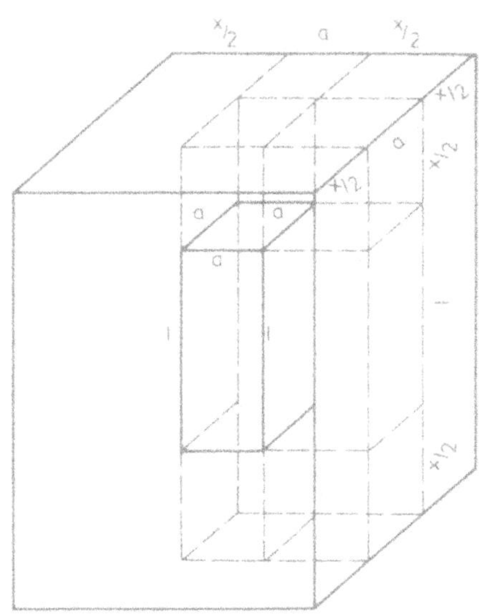

Bild 9: Quaderförmiges Modellelement

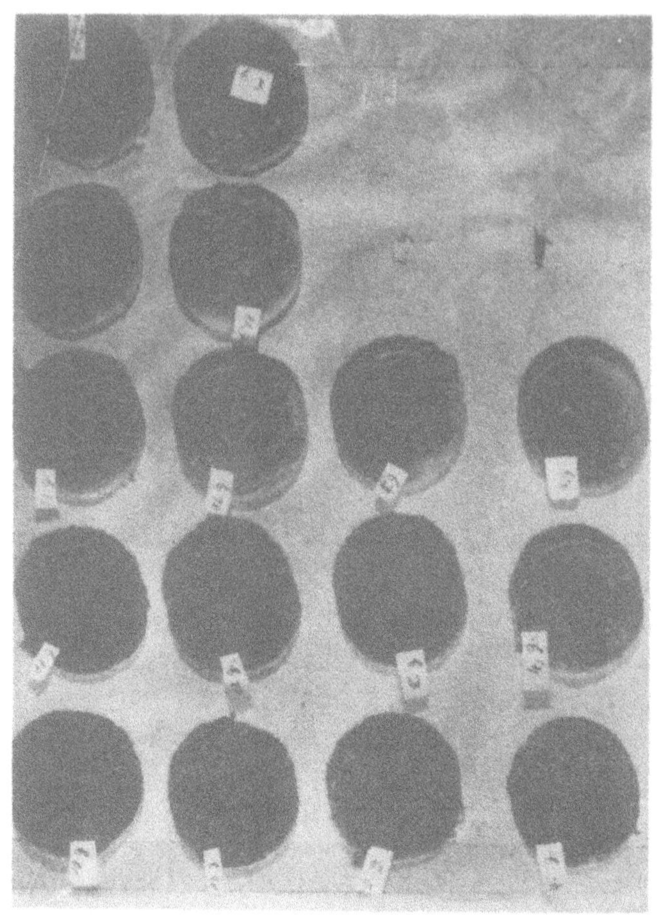

Bild 10: Meßproben

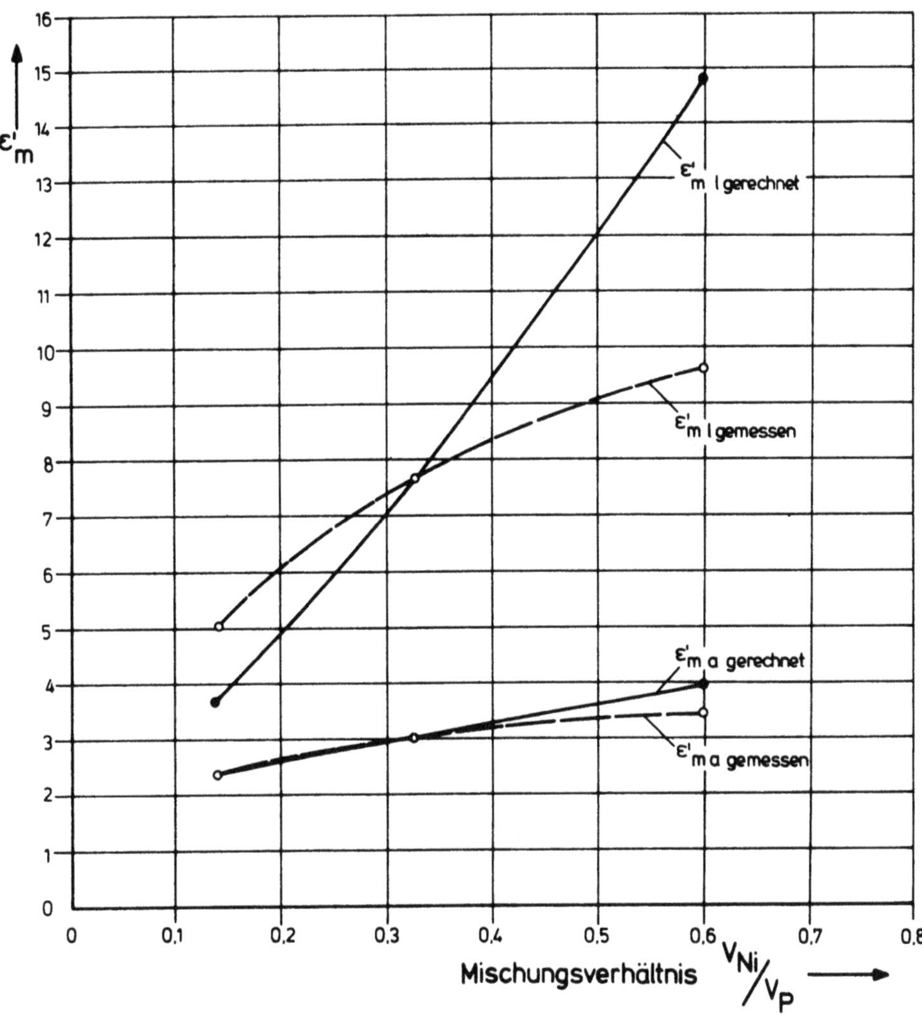

Bild 11: DK ε'_m einer Kombination aus Nickel und Paraffin in Abhängigkeit vom Mischungsverhältnis m

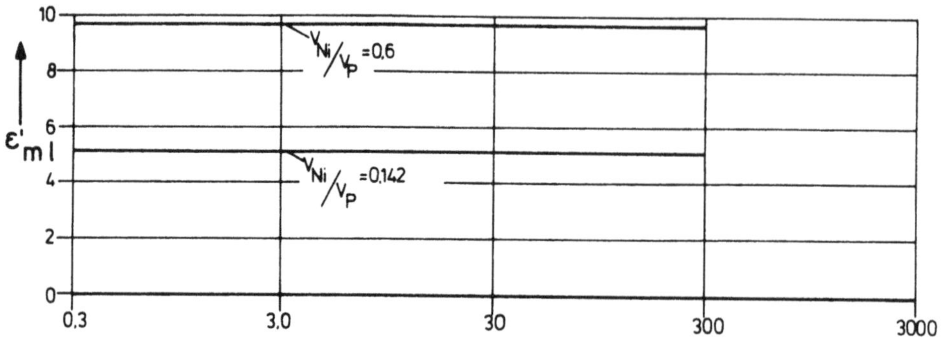

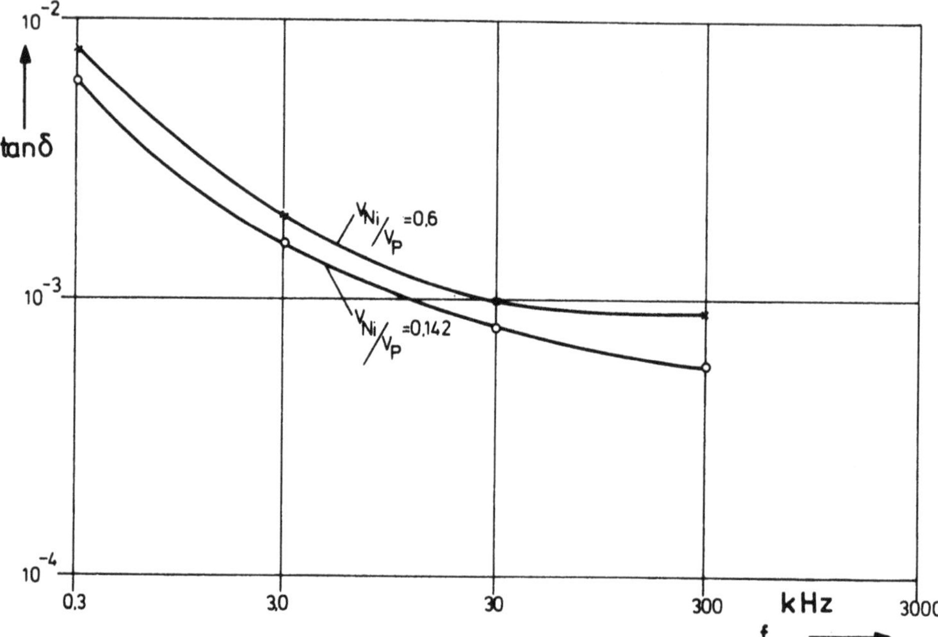

Bild 12: Fiktive Dielektrizitätskonstante und Verlustfaktor in Abhängigkeit von der Frequenz für konstantes Mischungsverhältnis und Parallelität zwischen Zylinderachse und Feldrichtung

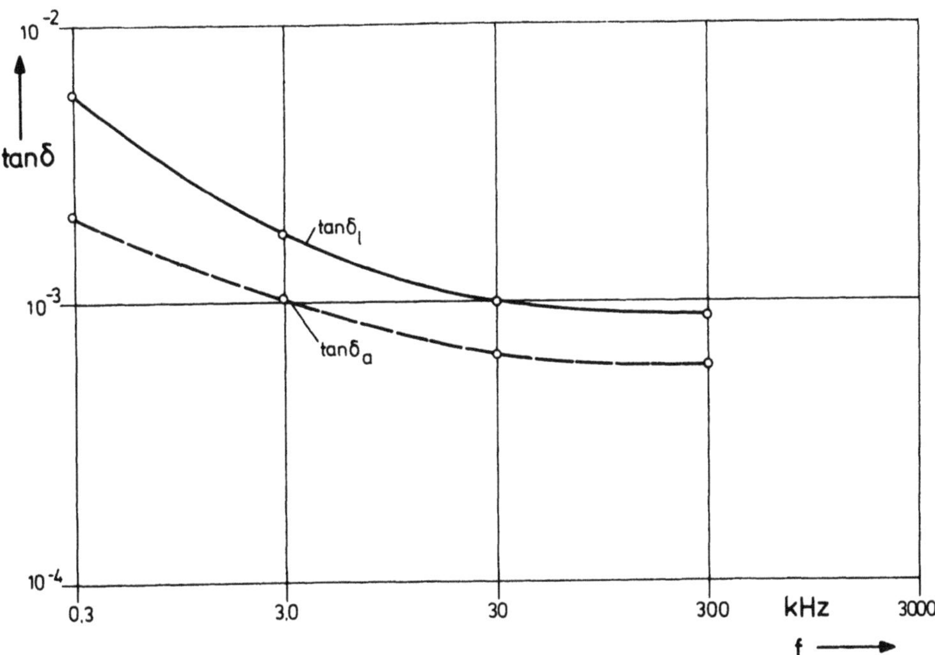

Bild 13: Verlustfaktor tanδ in Abhängigkeit von der Frequenz bei konstantem Mischungsverhältnis der Ni-Zylinder V_M/V_{Ni} = 0,142 und unterschiedlicher Lage der Längsachse zur Feldrichtung

Forschungsberichte des Landes Nordrhein-Westfalen

Herausgegeben im Auftrage des Ministerpräsidenten Heinz Kühn
vom Minister für Wissenschaft und Forschung Johannes Rau

Sachgruppenverzeichnis

Acetylen · Schweißtechnik

Acetylene · Welding gracitice
Acétylène · Technique du soudage
Acetileno · Técnica de la soldadura
Ацетилен и техника сварки

Arbeitswissenschaft

Labor science
Science du travail
Trabajo científico
Вопросы трудового процесса

Bau · Steine · Erden

Constructure · Construction material · Soilresearch
Construction · Matériaux de construction · Recherche souterraine
La construcción · Materiales de construcción · Reconocimiento del suelo
Строительство и строительные материалы

Bergbau

Mining
Exploitation des mines
Minería
Горное дело

Biologie

Biology
Biologie
Biologia
Биология

Chemie

Chemistry
Chimie
Quimica
Химия

Druck · Farbe · Papier · Photographie

Printing · Color · Paper · Photography
Imprimerie · Couleur · Papier · Photographie
Artes gráficas · Color · Papel · Fotografía
Типография · Краски · Бумага · Фотография

Eisenverarbeitende Industrie

Metal working industry
Industrie du fer
Industria del hierro
Металлообработывающая промышленность

Elektrotechnik · Optik

Electrotechnology · Optics
Electrotechnique · Optique
Electrotécnica · Optica
Электротехника и оптика

Energiewirtschaft

Power economy
Energie
Energía
Энергетическое хозяйство

Fahrzeugbau · Gasmotoren

Vehicle construction · Engines
Construction de véhicules · Moteurs
Construcción de vehículos · Motores
Производство транспортных средств

Fertigung

Fabrication
Fabrication
Fabricación
Производство

Funktechnik · Astronomie

Radio engineering · Astronomy
Radiotechnique · Astronomie
Radiotécnica · Astronomía
Радиотехника и астрономия

Gaswirtschaft

Gas economy
Gaz
Gas
Газовое хозяйство

Holzbearbeitung

Wood working
Travail du bois
Trabajo de la madera
Деревообработка

Hüttenwesen · Werkstoffkunde

Metallurgy · Materials research
Métallurgie · Matériaux
Metalurgia · Materiales
Металлургия и материаловедение

Kunststoffe

Plastics
Plastiques
Plásticos
Пластмассы

Luftfahrt · Flugwissenschaft

Aeronautics · Aviation
Aéronautique · Aviation
Aeronáutica · Aviación
Авиация

Luftreinhaltung

Air-cleaning
Purification de l'air
Purificación del aire
Очищение воздуха

Maschinenbau

Machinery
Construction mécanique
Construcción de máquinas
Машиностроительство

Mathematik

Mathematics
Mathématiques
Matemáticas
Математика

Medizin · Pharmakologie

Medicine · Pharmacology
Médecine · Pharmacologie
Medicina · Farmacologia
Медицина и фармакология

NE-Metalle

Non-ferrous metal
Metal non ferreux
Metal no ferroso
Цветные металлы

Physik

Physics
Physique
Física
Физика

Rationalisierung

Rationalizing
Rationalisation
Racionalización
Рационализации

Schall · Ultraschall

Sound · Ultrasonics
Son · Ultra-son
Sonido · Ultrasónico
Звук и ультразвук

Schiffahrt

Navigation
Navigation
Navegación
Судоходство

Textilforschung

Textile research
Textiles
Textil
Вопросы текстильной промышленности

Turbinen

Turbines
Turbines
Turbinas
Турбины

Verkehr

Traffic
Trafic
Tráfico
Транспорт

Wirtschaftswissenschaften

Political economy
Economie politique
Ciencias economicas
Экономические науки

Einzelverzeichnis der Sachgruppen bitte anfordern

Westdeutscher Verlag GmbH
– Auslieferung Opladen –
567 Opladen, Postfach 1620

www.ingramcontent.com/pod-product-compliance
Ingram Content Group UK Ltd.
Pitfield, Milton Keynes, MK11 3LW, UK
UKHW061700190726
13853UKWH00008B/2326
* 9 7 8 3 5 3 1 0 2 5 2 5 4 *